BEI GRIN MACHT SICH IHR WISSEN BEZAHLT

AF140787

- Wir veröffentlichen Ihre Hausarbeit,
  Bachelor- und Masterarbeit

- Ihr eigenes eBook und Buch -
  weltweit in allen wichtigen Shops

- Verdienen Sie an jedem Verkauf

Jetzt bei www.GRIN.com hochladen
und kostenlos publizieren

Bibliografische Information der Deutschen Nationalbibliothek:

Die Deutsche Bibliothek verzeichnet diese Publikation in der Deutschen National-bibliografie; detaillierte bibliografische Daten sind im Internet über http://dnb.d-nb.de/ abrufbar.

Impressum:

Copyright © 2017 GRIN Verlag
Druck und Bindung: Books on Demand GmbH, Norderstedt Germany
ISBN: 9783668675353

Dieses Buch bei GRIN:

https://www.grin.com/document/418704

Denise Günnewig

Was charakterisiert einen lernförderlichen Einsatz des Gruppenpuzzles als kooperative Lernform im Mathematikunterricht der Primarstufe?

GRIN Verlag

GRIN - Your knowledge has value

Der GRIN Verlag publiziert seit 1998 wissenschaftliche Arbeiten von Studenten, Hochschullehrern und anderen Akademikern als eBook und gedrucktes Buch. Die Verlagswebsite www.grin.com ist die ideale Plattform zur Veröffentlichung von Hausarbeiten, Abschlussarbeiten, wissenschaftlichen Aufsätzen, Dissertationen und Fachbüchern.

Besuchen Sie uns im Internet:

http://www.grin.com/

http://www.facebook.com/grincom

http://www.twitter.com/grin_com

Inhaltsverzeichnis

1. Einleitung

In der Geschichte der Pädagogik und auch in reformpädagogischen Ansätzen finden sich immer wieder Forderungen, gemeinsames Lernen in den Mittelpunkt des schulischen Unterrichts zu stellen (Borsch, 2005). Vor allem seit den Ergebnissen der ersten Pisa-Erhebung im Jahr 2000 wurden landesweit die bildungspolitischen Voraussetzungen verbessert und vermehrt nach neuen Konzepten und Unterrichtsmethoden für den Mathematikunterricht gesucht, um kooperative Kompetenzen von Schülerinnen und Schülern zu verbessern (Lankes, Bos, Mohr, Plaßmeier & Schwippert, 2003). Im Lehrplan Mathematik für die Grundschule wird ein entdeckender Mathematikunterricht für Schülerinnen und Schüler der Primarstufe gefordert. Mathematikunterricht soll als konstruktiver und entdeckender Prozess verstanden werden, durch den die Lernenden Interesse und Neugier an mathematischen Phänomenen entwickeln sollen (Richtlinien und Lehrpläne für die Grundschule in Nordrhein-Westfalen). Ziel ist es, dass Schülerinnen und Schüler „die Fähigkeit zur Kooperation bei der Lösung mathematischer Aufgaben" (Richtlinien und Lehrpläne für die Grundschule in Nordrhein-Westfalen, S.67) entwickeln. Die Arbeit in Gruppen ermöglicht es Lernenden kooperativ zu arbeiten, sich über Ideen und Strategien auszutauschen und so mit- und voneinander in einem konstruktiven und entdeckenden Prozess zu lernen. So können unter anderem die genannten Kompetenzen erworben werden. Studien zeigen jedoch, dass Gruppenarbeiten im Mathematikunterricht nur selten eingesetzt werden (Kronenberger, 2004). Als Grund hierfür äußern Lehrpersonen die Befürchtung, dass das Lernen in Gruppen mit Lärm und Unruhe verbunden ist (Huber, 1987).

Vor diesem Hintergrund wird in der folgenden Arbeit der Frage nachgegangen, was einen lernförderlichen Einsatz des Gruppepuzzles im Mathematikunterricht der Primarstufe charakterisiert. Die Beantwortung dieser Frage wird zunächst mit einer Unterscheidung kooperativer Lernformen eingeleitet, sowie einer näheren Erläuterung der Methode des Gruppenpuzzles. Dabei werden zunächst zentrale Bedingungen für den erfolgreichen Erwerb mathematischen Wissens herausgearbeitet, um darauffolgend die Voraussetzungen für einen effektiven Einsatz des Gruppenpuzzles im Fach Mathematik der Primarstufe zu ermitteln. Im Anschluss daran wird die Lernwirksamkeit des Gruppenpuzzles näher beleuchtet. Dazu werden die Anforderungen an die Lehrperson, die Lernenden und die zu bearbeitende Aufgabe betrachtet. Anhand der erarbeiteten Aspekte werden abschließend ein zusammenfassendes Fazit gezogen, offene Fragen identifiziert und ein Ausblick auf für die Bearbeitung der Thematik noch notwendige Forschungen gegeben.

2. Kooperatives Lernen

Kooperatives Lernen bezeichnet schülerzentrierte Unterrichtsformen, die auf verschiedene Weise im Unterricht realisiert werden können (Borsch, 2005). Während im deutschen Sprachraum Begriffe wie „Partnerarbeit", „Gruppenlernen" oder „kooperatives Lernen" zum Teil synonym verwendet werden (Dann, Diegritz & Rosenbusch, 1999), werden im US-amerikanischen und israelischen Sprachraum drei Formen des gemeinsamen Lernens voneinander abgegrenzt, die im Folgenden näher erläutert werden (Damon & Phelps 1989).

Beim „peer tutoring" vermitteln sich die Lernenden in Partnerarbeit wechselseitig ihre Themen. Auf diese Weise wird eine Lehrer-Schüler-Interaktion imitiert, in denen ein Experte sein Wissen an einen Novizen (Neuling) weitergibt. Die Effektivität der Lernmethode des „peer tutoring" ist abhängig von den Vermittlungskompetenzen des jeweiligen Experten (Borsch, 2005).

Von der Methode des „collaborative learning" wird dann gesprochen, wenn zwei oder mehr Lernende gemeinsam eine Aufgabe bearbeiten. Anders als beim „peer tutoring" bestehen beim „collaborative learning" keine Disparitäten zwischen den Lernenden. Alle sind gleichermaßen verantwortlich dafür, dass die für sie neuen Aufgaben ko-konstruktiv bewältigt werden (Borsch, 2005).

Das „cooperative learning", bezeichnet vielfältige Unterrichtsmethoden, bei denen die Lernenden in meist heterogene Gruppen von vier bis sechs Mitgliedern aufgeteilt werden. In den ihnen zugeteilten Gruppen werden anschließend für alle Gruppenmitglieder neue Aufgaben gemeinsam erarbeitet (Borsch, 2005). Im Gegensatz zu den bereits vorgestellten Unterrichtsformen zeichnen sich kooperative Unterrichtsmethoden durch strukturierende Merkmale aus. Diese sollen Gleichheit und Wechselseitigkeit von Lernenden gewährleisten. Unterrichtsmethoden des kooperativen Lernens lassen sich zwei Dimensionen zuordnen: der Aufgabenstruktur und der Belohnungsstruktur. Der Aufgabenstruktur werden die Aspekte der Aufgabenart (komplex versus teilbar) und die Aufgaben- oder Rollenverteilung (z. B. Experte, Novize) zugeordnet (Borsch, 2005). Externale Belohnungen können basierend auf den Leistungen einzelner Gruppenmitglieder vergeben werden, mit dem Ziel, Kooperation und Wechselseitigkeit zwischen den Lernenden zu verstärken (Slavin, Hurley & Chamberlain, 2003).

Beim kooperativen Lernen können Schülerinnen und Schüler Lösungswege aushandeln, ausprobieren und entdecken, sich aber auch untereinander Fragen stellen. Sie haben die

Gelegenheit sich zu unterstützen und sich gegenseitig Erklärungen für mathematische Phänomene zu liefern (Kronenberger, 2004). Eine grundlegende Voraussetzung für effektives kooperatives Lernen bilden nach Johnson und Johnson (1999) positive Interdependenz und individuelle Verantwortlichkeit. Als positive Interdependenz wird die wechselseitige Abhängigkeit der Gruppenmitglieder untereinander bezeichnet. Den einzelnen Mitgliedern muss bewusst sein, dass sie ihre Ziele nur gemeinsam als Gruppe erreichen können. Das bedeutet auch, dass sich kein Gruppenmitglied aus dem gemeinsamen Arbeitsprozess ausgliedern darf (Borsch, 2005). Durch positive Interdependenz wird bei den Gruppenmitgliedern ein Gefühl erzeugt, das als individuelle Verantwortlichkeit bezeichnet wird. Jedes Gruppenmitglied trägt neben der Verantwortung für die eigene Person und dem eigenen zu leistenden Anteil an der gemeinsam zu erarbeitenden Aufgabe außerdem Verantwortung für die anderen Mitglieder und deren Aufgabe(n). Auf diese Weise wird das Phänomen des Trittbrettfahrens verhindert und auch der Motivationsverlust bleibt als unerwünschter Nebeneffekt aus (Borsch, 2005).

Der Schwerpunkt dieser Arbeit liegt auf der kooperativen Lernform des Gruppenpuzzles, das im Folgenden näher beschrieben wird.

2. 1 Das Gruppenpuzzle als kooperative Lernform

Die kooperative Methode des Gruppenpuzzles wurde von Aronson, Blaney, Stephan, Sikes und Snapp (1978) entwickelt. Das Gruppenpuzzle entstand im Jahr 1954 vor dem Hintergrund der Aufhebung der Rassentrennung an den US-amerikanischen Schulen. Aronson (1978) beschreibt das Gruppenpuzzle als Lernform, „that enables children to cooperate with one another to attain their educational objectives in an atmosphere that is exciting and challenging without being threatening or anxiety-producing" (S.18). Die Autoren verfolgten mit der Einführung dieser Art des Lernens zwei Ziele: Zum Einen wollten sie die sozialen Beziehungen zwischen Schülerinnen und Schülern verbessern, indem sie eine Lernmethode entwickelten, die das Konkurrenzverhalten im Klassenraum aufheben sollte. Zum anderen sollten sich die Lernerfolge verbessern und gemeinsam als Gruppe das Ziel erreicht werden, den gesamten Lernstoff zu beherrschen (Borsch, 2005).

Die Unterrichtsmethode des Gruppenpuzzles setzt sich aus vier Phasen zusammen. In der Einführungsphase führt die Lehrperson die Schülerinnen und Schüler kurz in die zu behandelnde Thematik ein. Anschließend findet eine Einteilung in (meist) heterogene

4

Stammgruppen statt, die sich aus jeweils vier bis fünf Lernenden zusammensetzen. Alle Mitglieder einer Stammgruppe bearbeiten den gesamten Lernstoff eines Themas. Dieser wird jedoch zuvor so auf die Gruppenmitglieder verteilt, dass jedes Mitglied zunächst nur einen Teilbereich des Themas bearbeitet. Die Mitglieder mit den gleichen Teilbereichen bilden eine so genannte Expertengruppe. Im weiteren Verlauf, der Erarbeitungsphase, treffen sich die Schülerinnen und Schüler aus den Stammgruppen in ihren Expertengruppen. Nachdem jede Expertengruppe vorbereitetes Unterrichtsmaterial zu ihrem entsprechenden Teilgebiet erhalten hat, erarbeiten sich die Schülerinnen und Schüler den Lernstoff eigenständig. Die Erarbeitung der neuen Inhalte und die Vorbereitung auf die anschließende Vermittlungsphase geschehen im Prozess des „collaborative learning".

In der darauffolgenden Vermittlungsphase wird das Wissen im Prozess des „peer tutoring" an die Mitglieder der Stammgruppe weitergegeben. Jeder Experte erhält im Austausch zu dem bereits selbstständig erarbeiteten Wissen das erworbene Wissen der anderen Stammgruppenmitglieder. Auf diese Weise sollen alle Stammgruppenmitglieder am Ende der Arbeit mit dem Gruppenpuzzle Wissen in allen Teilgebieten erlangen.

Während der Arbeit im Gruppenpuzzle übernehmen die Gruppenmitglieder demnach wechselseitig die Rolle von Lernenden und Lehrenden. Dadurch wird individuelle Verantwortlichkeit und positive Interdependenz der Lernenden deutlich. Jeder Lernende ist Mitglied einer Stammgruppe und somit für einen Teilbereich des Themas verantwortlich. Aus diesem Grund werden sie zu unentbehrlichen Experten für ihren Bereich und müssen die Verantwortung dafür übernehmen, dass jedes Gruppenmitglied am Ende Wissen über den gesamten Themenbereich erworben hat (Orio, 2005). In der letzten Phase, der Phase der Evaluation und Integration, können Schülerinnen und Schüler über positive und negative Aspekte der kooperativen Zusammenarbeit reflektieren und mögliche Verbesserungen diskutieren (Borsch, 2005). Die Arbeit mit dem Gruppenpuzzle schließt mit einem individuell zu bearbeitenden Test ab, in dem der Lernerfolg im gesamten Themenbereich überprüft wird (Borsch, 2005).

3. Zentrale Bedingungen für den Erwerb mathematischer Fähigkeiten

Damit festgestellt werden kann, unter welchen Voraussetzungen ein effektives Lernen mit der Methode des Gruppenpuzzles im Mathematikunterricht der Primarstufe möglich ist, müssen zunächst einmal zentrale Bedingungen herausgestellt werden, die einen positiven Effekt auf den Erwerb mathematischen Wissens haben können.

Im Laufe der Zeit haben konstruktivistische und sozial-konstruktivistische Vorstellungen von Lernen auch im Mathematikunterricht Einzug gefunden (Kronenberger, 2004). Neben aktuellen Konzepten, die betonen, dass das Lernen ein konstruktiver, weitestgehend vom Kind gesteuerter und individueller Prozess ist, der in einen sozialen Kontext eingebettet wird (Quasthoff & Steinbring, 2000), fordert auch der aktuelle Lehrplan des Fachs Mathematik einen aktiv entdeckenden und schülerorientierten Unterricht für die Primarstufe (Richtlinien und Lehrpläne für die Grundschule in Nordrhein-Westfalen). Im Vordergrund steht demnach nicht der individuelle und lehrergesteuerte Lernprozess, sondern die Forderung nach Unterrichtsformen, in denen Schülerinnen und Schüler aktiv ihr Wissen im gemeinsamen Diskurs konstruieren können (Greeno & Goldmann, 1998).

Verschiedene Autoren betonen, dass die kooperative fachliche Auseinandersetzung von Lernenden für eine erfolgreiche Ausbildung eines mathematischen Verständnisses notwendig ist (vgl. Lampert, 1990; McCormick & Pressley, 1997; Röhr, 1995; Yackel, Cobb & Wood, 1991). Auch Steinbring (2004) weist darauf hin, dass für das Lernen von Mathematik vor allem die Interaktion über verschiedene Lösungsideen von großer Bedeutung ist. Schülerinnen und Schüler werden in der Interaktion mit Anderen verschiedene Lerngelegenheiten geboten. Die Auseinandersetzung mit Klassenkameradinnen und Klassenkameraden kann dazu führen, dass sie neue Gedankengänge erfahren, Parallelen oder auch Unterschiede zu ihren eigenen Gedanken entdecken und mit Hilfe von Lösungsaspekten eines anderen Klassenmitgliedes eigene Lösungsstrategien weiterentwickeln. Aber auch die Analyse fehlerhafter Lösungen kann bei der Entwicklung einer eigenen Lösungsidee hilfreich sein. Zudem besteht die Notwendigkeit, die Problemlöseaktivitäten anderer zu verstehen, um Konsens zu erreichen. Yackel, Cobb und Wood (1991) vertreten außerdem die Meinung, dass solche Interaktionen im lehrerzentrierten Unterricht nicht vorkommen. Die Arbeit in Gruppen stellt daher eine Möglichkeit dar, durch gemeinsames Lösen mathematischer Probleme besondere Lerngelegenheiten entstehen zu lassen.

Renkl (1996) hebt vor allem den Effekt von Selbsterklärungen auf das Lernen hervor. Erklärungen für andere können gleichzeitig als Erklärungen für den Lernenden selbst fungieren. Wenn Schülerinnen und Schüler sich über neue Lerninhalte austauschen, können die selbst formulierten Erklärungen den eigenen Verstehensprozess vorantreiben. Aktivierende Gespräche und kooperative Lernformen gelten daher im Allgemeinen als Schlüsselvariablen für qualitätsvollen Unterricht (Helmke & Schrader, 2008).

In der Praxis finden im Mathematikunterricht Gespräche jedoch häufig nur in Form von Reflexionsgesprächen am Ende einer Unterrichtsstunde statt. In den Reflexionsphasen hören Schülerinnen und Schüler allerdings eher passiv zu (Röhr, 2002). Kleingruppen könnten diesen Effekt verhindern, da sich in kleineren Gruppen mehr Schülerinnen und Schüler beteiligen und auch schüchterne Gruppenmitglieder so die Möglichkeit bekommen, sich in einem kleineren Umfeld auszutauschen (Götz, 2007). Daher könnte das Gruppenpuzzle unter bestimmten Bedingungen als mögliche effektive Lernmethode im Mathematikunterricht der Primarstufe eingesetzt werden.

4. Lernwirksamkeit

In Bezug auf die Wirksamkeit des Gruppenpuzzles im Einsatzgebiet der Grundschule ist die Forschungslage nicht einheitlich. Zwar konnten in Metaanalysen positive Effekte durch die Arbeit mit dem Gruppenpuzzle im Hinblick auf den Lernerfolg über alle Schulformen hinweg bestätigt werden (Johnson, Johnson & Stanne 2000) und auch in Studien von Borsch (2005) konnten positive Effekte auf Lernleistung und Lernfreude nachgewiesen werden, jedoch ließ sich nach Souvignier und Kronenberger (2007) ein Vorteil bezüglich des Lernerfolgs im Vergleich mit herkömmlichem Unterricht nicht bestätigen. Grundsätzlich zeigte sich jedoch, dass Schülerinnen und Schüler im Gruppenpuzzle vergleichbare Lernerfolge erzielen können wie Schülerinnen und Schüler in einem lehrergeleiteten Unterricht. Hierbei handelt es sich um eine beachtliche Leistung, denn Lernende erhalten während der Arbeit im Gruppenpuzzle praktisch keine Hilfe und erarbeiten sich den Inhalt völlig selbstständig (Kronenberger, 2004).

Beachtet werden sollte bei der Beurteilung der Lernwirksamkeit, dass Schülerinnen und Schüler mehr Zeit mit der Erarbeitung und Vermittlung ihres Expertenthemas verbringen und es daher zum so genannten Experteneffekt kommen kann. Das heißt, ihr Wissen ist in ihrem Expertengebiet höher als das in den anderen Teilgebieten. Es stellt sich die Frage, welche Möglichkeiten, Lehrpersonen haben und welchen Beitrag Aufgabenstellungen leisten können, dass alle Schülerinnen und Schüler einen gleichmäßigen Lernerfolg in allen Teilbereichen erzielen. Das Elaborationsniveau von Lernenden scheint hierfür eine wichtige Rolle zu spielen. In einer Studie von Webb (1989) konnten Zusammenhänge zwischen dem verbalen Verhalten von Schülerinnen und Schülern und der Leistung im Fach Mathematik beim Lernen in Kleingruppen nachgewiesen werden. Es zeigte sich, dass einfache Antworten ohne Erklärungen einen negativen Effekt auf hilfesuchende Lernende hatten. In einigen Studien führten elaborierte Erklärungen zu positiven Effekten, in anderen blieben trotz elaborierter Erklärungen Effekte jeglicher Art aus (Borsch, 2005).

Der Lernerfolg bei der Arbeit mit dem Gruppenpuzzle scheint von vielen Variablen abhängig zu sein und verschiedene Kompetenzen und Eigenschaften vorauszusetzen. Im Folgenden wird aufgeführt, welche Anforderungen an Lernende und Lehrpersonen gestellt werden, damit sich der Einsatz des Gruppenpuzzles positiv auf die Lernleistung auswirkt und welche Aspekte die zu bearbeitende Aufgabe erfüllen muss, um zu diesem Erfolg beizutragen.

4. 1 Anforderungen an die Lehrperson

Damit kooperatives Arbeiten mit der Methode des Gruppenpuzzles gelingen kann, werden vielfältige Anforderungen an die Lehrperson gestellt. Für eine erfolgreiche Umsetzung einer kooperativen Lernform ist es zunächst einmal unabdingbar, dass die Lehrperson diese Art zu arbeiten grundsätzlich vertritt (Kronenberger, 2005). Der Zusammenhang zwischen konstruktivistischen Überzeugungen von Lehrkräften hinsichtlich des Lehrens und Lernens und dem Einsatz von adaptiven Unterrichtsformen konnte in einer Studie von Warwas, Hertel und Labuhn (2011) nachgewiesen werden.

Die weiteren Anforderungen an die Lehrperson lassen sich in drei Aufgabenbereiche unterteilen: die Vorbereitungs-, Durchführungs- und Evaluationsphase.

Die Lernform des Gruppenpuzzles erfordert eine sorgfältige und aufwändige Unterrichtsvorbereitung durch die Lehrperson (Borsch, Gold & Kronenberger, 2005). Zu einer angemessenen Vorbereitung des Gruppenpuzzles gehören sowohl das Erstellen von Unterrichtsmaterial als auch die Entwicklung eines Wissenstests (Borsch, 2015). Bei der Vorbereitung des Materials muss zum Einen darauf geachtet werden, dass es sich für eine selbstständige kooperative Arbeit in der Gruppe eignet und zum Anderen sorgfältig an die Kompetenzen der Lernenden angepasst wird (Kronenberger, 2005). Ein erster Ansatz, um die eigene Verantwortlichkeit von Lernenden zu gewährleisten, bieten angemessene Formulierungen von Arbeitsaufträgen für die Arbeit in den Expertengruppen (Borsch, 2015).

Durch eine angemessen vorbereitete und strukturierte Gruppenarbeit kann ein hohes kognitives Niveau in der Interaktion von Schülerinnen und Schülern angebahnt und gefördert werden (Kronenberger, 2005). Das ist besonders wichtig, da Lernende in der Primarstufe nicht spontan und eigenständig auf hohem Elaborationsniveau interagieren (King, 1999).

Bevor das Gruppenpuzzle jedoch durchgeführt werden kann, kommt der Lehrperson noch die Aufgabe zu, Regeln für die kooperative Zusammenarbeit zu erarbeiten bzw. den Schülerinnen und Schülern in Erinnerung zu rufen (Borsch, 2015).

In der Durchführungsphase hat die Lehrperson eine unterstützende und motivierende Rolle inne. Sie fungiert als eine umsichtige Betreuung der kooperativen Arbeitsgruppen. Dazu gehört darauf zu achten, dass die Lernenden die Regeln zum kooperativen Arbeiten einhalten, aber auch die Lernenden bei sozialen und organisatorischen Schwierigkeiten zu unterstützen (Borsch, 2015). Dies kann in verschiedenen Formen erfolgen. Beispielsweise kann die Lehrperson helfen, wenn die Lernenden bei der Bearbeitung ihrer Aufgabe ins Stocken geraten (Borsch, Gold & Kronenberger, 2005). Um möglichst wenig fachlich einzugreifen, sollte die Lehrperson die Lernenden nur indirekt unterstützen. Dies ist möglich, indem sie beispielsweise auf Textstellen im Arbeitsmaterial oder auf andere Hilfsmittel verweist (Borsch, 2015). Eine weitere Möglichkeit der Lehrperson die Lernenden zu unterstützen ist, ihnen Mut zu machen, auch ungewöhnliche Gedanken zu äußern und so einen wechselseitigen Prozess in Gang zu bringen, der über das Generieren von Hypothesen zur richtigen Lösung führt (Borsch, 2015). Durch genaues Beobachten kann die Lehrperson Verständnisprobleme in der Erarbeitungsphase registrieren und, wenn notwendig, das Material überarbeiten oder ergänzen (Borsch, 2015). Bedacht werden muss, dass die Lehrperson immer nur eine Gruppe unterstützen und nicht allen Gruppen gleichzeitig genügend Aufmerksamkeit schenken kann. Außerdem gilt, dass die Lehrperson grundsätzlich klare Instruktionen geben muss, damit effektive Gruppenprozesse überhaupt zustande kommen können (Kremers, 2014).

Aronson und Patnoe (1997) betonen zudem die Notwendigkeit einer begleitenden Evaluation des Gruppenarbeitsprozesses für das erfolgreiche Lernen im Gruppenpuzzle (Borsch, Kronenberger & Souvignier 2007). Mit Hilfe eines „Group Process Sheets", das nach jeder Sitzung beantwortet werden soll, wird die Lehrperson über die Entwicklung der Gruppenprozesse informiert. Dies erfolgt, indem Schülerinnen und Schüler Fragen zu verschiedenen Aspekten der Gruppenarbeit beantworten. Anhand dieser Antworten können Lernende ihr Interaktionsverhalten überdenken und über Ursachen und auftretende Probleme sprechen. Studien haben gezeigt, dass besonders in der Primarstufe eine Verbesserung der wechselseitigen Vermittlungsprozesse während der Stammgruppenarbeit angestrebt werden muss, damit sich der Lernerfolg von Schülerinnen und Schülern verbessert (Borsch, Gold, Kronenberger & Souvignier 2007). Wie bereits erwähnt, elaborieren Schülerinnen und Schüler in der Primarstufe nicht eigenständig auf einem hohen Niveau (King, 1999). Damit kooperative Lernformen wie das Gruppenpuzzle demnach erfolgreich zum Einsatz kommen können, muss die Lehrperson die Vermittlungskompetenzen von Schülerinnen und Schülern grundsätzlich fördern, zum Beispiel, indem das Erklären von Sachverhalten und Zusammenhängen geübt wird (Borsch, Gold, Kronenberger & Souvignier 2007). Das muss nicht unbedingt auf den Mathematikunterricht beschränkt werden, sondern kann fächerübergreifend stattfinden. Eine weitere Methode, mit der die Lehrperson die Interaktion zwischen Lernenden fördern kann, stellt das „Guided Peer Questioning" dar (King, 1999). Durch das Einüben von Fragestämmen sollen Schülerinnen und Schüler lernen, anspruchsvollere Fragen zu stellen und so ein tieferes Verständnis der Inhalte zu erlangen (Kronenberger & Souvignier, 2005). Allerdings müsste die Methode des „Guided Peer Questioning" für die Primarstufe optimiert werden, da sich in der Studie von Kronenberger und Souvignier (2005) gezeigt hat, dass die Lernerfolge von Schülerinnen und Schülern mit und ohne Fragetraining vergleichbar ausfallen. Anspruchsvolleres Fragen führte nicht gleichzeitig auch zu einem höheren Erklärniveau. Eine mögliche Ursache hierfür könnte sein, dass das Schwierigkeitsniveau der trainierten Fragen zu hoch war. Ein sukzessiver Aufbau des Fragetrainings wäre möglicherweise erfolgreicher gewesen (Kronenberger & Souvignier, 2005). Für eine genaue Methode, wie Lehrpersonen das Elaborationsniveau von Schülerinnen und Schülern in der Primarstufe wirksam fördern und so zu einer Optimierung in der Vermittlungsphase des Gruppenpuzzles beitragen können, werden weiterführende Studien in diesem Bereich benötigt.

4. 2 Anforderungen an die Lernenden

Schülerinnen und Schüler benötigen für ein effektives kooperatives Arbeiten vielfältige soziale Fertigkeiten, zu denen unter anderem die Fähigkeit zum aufmerksamen und aktiven Zuhören zählen, sowie die Fähigkeit andere ausreden zu lassen. Außerdem müssen sie in der Lage sein, während der Gruppenarbeit leise miteinander zu kommunizieren sowie vorhandenes Material miteinander zu teilen. Darüber hinaus müssen sie die Fähigkeit besitzen, sich auf die zu bearbeitende Sache fokussieren zu können (Weidner, 2003).

Dass die Qualität und Quantität des fachlichen Lernens durch den Erwerb kooperativer Fertigkeiten gesteigert werden kann, betonen auch Johnson und Johnson (1999). Lernende sollten in der Lage sein, ihre Ideen und Gefühle gegenüber ihren Gruppenmitgliedern klar zu kommunizieren. Hierbei sollten sich verbale und nonverbale Informationen nicht widersprechen. In der Vermittlungsphase findet ein Rollenwechsel vom Lernenden zum Lehrenden statt. Schülerinnen und Schüler vermitteln in der Rolle des Lehrenden ihr Expertenwissen und erwerben im Gegenzug das Expertenwissen der anderen Gruppenmitglieder in der Rolle des Novizen. In der Rolle des Lehrenden vermitteln sie nicht nur ihr Wissen, sondern tragen auch die Verantwortung dafür, das Verständnis der Novizen zu überprüfen und auf Rückfragen mit Erklärungen statt einfachen Lösungsvorgaben zu reagieren (Borsch, 2005). Inhalte sollten ohne Wertung wiedergegeben und eigene Interpretationen den Anderen mitgeteilt werden. Wichtig hierbei ist die gegenseitige Akzeptanz und Unterstützung der Gruppenmitglieder untereinander. Das bedeutet, dass die Novizen im Gegenzug die Aufgabe haben, ihre Gruppenmitglieder als Lehrende zu akzeptieren. Sie müssen die neuen Informationen an vorhandenes Wissen anknüpfen, Verständnisproblemen nachgehen sowie eindeutige Rückmeldungen über den Stand ihres Verständnisses geben (Borsch, 2005).

Eine abwertende Reaktion auf Gruppenbeiträge ist nicht lernförderlich (Borsch, 2004).

Schülerinnen und Schüler müssen während der Arbeit im Gruppenpuzzle die zuvor mit der Lehrperson aufgestellten Regeln der Kommunikation beachten (Borsch, 2005). Bei aufkommenden Fragen oder Problemen sollten die Lernenden sich im besten Fall zuerst an ihre Gruppenmitglieder wenden und nur im Notfall bei inhaltlichen Fragen die Lehrperson zu Rate ziehen (Borsch, 2005). Sind bei Schülerinnen und Schülern die erwähnten Fertigkeiten der kooperativen Zusammenarbeit nicht ausreichend ausgebildet, können potenzielle Möglichkeiten des gemeinsamen Lernens durch das Gruppenpuzzle nicht optimal genutzt werden (Borsch, 2005).

Der Prozess der gegenseitigen Vermittlung erweist sich in der Primarstufe jedoch noch als schwierig (Borsch, 2005). Studien legen dar, dass Lernerfolge bei Gruppenarbeiten vom Elaborationsniveau der Diskussionsbeiträge abhängt. Das Elaborationsniveau ist daher der entscheidende lernwirksame Prozess im kooperativen Unterrichtssetting (Webb, 1985). Schülerinnen und Schülern in der Primarstufe sind es noch nicht gewohnt, Verantwortung für ihre Mitschülerinnen und Mitschüler zu übernehmen und wechselseitig voneinander zu lernen (Borsch, 2005). Daher benötigen sie in dieser Phase des Gruppenpuzzles besondere Unterstützung durch die Lehrperson, um auf einem hohen Niveau über fachliche Inhalte zu kommunizieren und die Perspektive des Gegenübers einnehmen zu können, um so das Verständnis der anderen Gruppenmitglieder zu überprüfen und gegebenenfalls auftretende Schwierigkeiten nachzuvollziehen (Kronenberger, 2005; Borsch, 2005). Nur so können Lernende auf einem angemessenen Niveau miteinander kommunizieren. Oft werden einfache Fragen formuliert, die mit „ja" oder „nein" beantwortet werden können. Entsprechend bleiben die Erklärungen auf niedrigem Niveau. Damit lassen sich vermutlich die geringeren Lernerfolge in der Vermittlungsphase erklären (Borsch, Gold, Kronenberger, 2005).Wie die Lehrperson Schülerinnen und Schüler hierbei unterstützen kann, wurde bereits in Kapitel 4.1 ausführlich beschrieben.

Die Reflexionsphase stellt die Lernenden vor die Herausforderung, realistische Selbsteinschätzungen und Selbstwahrnehmungen zu äußern, damit Lernprozesse optimiert und vertiefende und komplexe kognitive Lernerfolge möglich werden können (Kremers, 2014).

Kritisch betrachtet werden muss, dass sich die Arbeit mit dem Gruppenpuzzle nicht für alle Schülerinnen und Schüler gleichermaßen eignet. Eine selbstständige Erarbeitung von Inhalten setzt eine gute Kenntnis im Lesen und Sprechen voraus. Schülerinnen und Schüler benötigen ein gutes Leseverständnis und einen ausreichend breit gefächerten Wortschatz, um erfolgreich erklären und diskutieren zu können. Spannungen und Konflikte zwischen den Lernenden tragen nicht zu einem optimalen Lernergebnis bei. Daher ist ein entsprechendes Klassenklima notwendig (Borsch, 2005; Kronenberger, 2005).

4. 3 Anforderungen an die zu bearbeitende Aufgabe

Die Methode des Gruppenpuzzles fordert von den Lernenden die selbstständige Erarbeitung von neuen (komplexen) Inhalten. Zunächst einmal muss sich das Thema in gleichgewichtige Teilbereiche aufteilen lassen. Außerdem muss das Lehrmaterial Fertigkeiten und Vorkenntnissen der Schülerinnen und Schüler entsprechen (Borsch, Gold, Kronenberger, 2007). Nur so kann gewährleistet werden, dass das Material selbstständig und ohne Einschreiten der Lehrperson bearbeitet werden kann.

Ein weiterer Faktor, damit kooperatives Lernen gelingen kann ist, dass durch die Aufgabenstellung positive Interdependenz und individuelle Verantwortung entsteht (Borsch, 2005). Damit dieses Ziel erreicht werden kann, müssen Aufgabenstellungen und Ziele so strukturiert sein, dass sie eine Kooperation notwendig machen (Borsch, 2005). Das kann auf verschiedene Weise gelingen. Grundsätzlich erfordert die Methode des Gruppenpuzzles von den Lernenden insofern schon eine Kooperation, als die den Gruppenmitgliedern zur Verfügung stehenden Ressourcen eingeschränkt zur Verfügung stehen. Die Experten erhalten jeweils nur das Material für ihren zu erarbeitenden Teilbereich (Borsch, 2005). Auf diese Weise werden die Gruppenmitglieder voneinander abhängig gemacht. Zum Einen trägt jedes Mitglied die Verantwortung dafür, sich eigenständig das Expertenwissen anzueignen und anschließend sein Wissen an die Stammgruppenmitglieder zu vermitteln. Zum Anderen trägt jeder einzelne die Verantwortung für den Lernerfolg der gesamten Gruppe (Borsch, 2005). Mathematikaufgaben, die einen kognitiven Konflikt erzeugen, zwingen Schülerinnen und Schüler, länger an einer Aufgabe zu arbeiten und miteinander zu kommunizieren (Orio, 2005). Gespräche über kontroverse Inhalte führen sowohl bei leistungsstarken als auch bei leistungsschwächeren Schülerinnen und Schülern zu besseren kognitiven Leistungen (Johnson, Johnson & Smith, 1981). Aber nicht nur kontroverse Inhalte, sondern auch Aufgaben mit vielfältigen Lösungswegen und der Möglichkeit, diese auf verschiedenen Niveaustufen zu lösen, regen zum Diskutieren und Entdecken an (Götze, 2007).

Mit Hilfe der Aufgabenstellung kann den Gruppenmitgliedern deutlich gemacht werden, dass ihr Lernziel nur gemeinsam erreicht werden kann. Herausfordernde Aufgaben unterstützen Schülerinnen und Schüler darin, die Notwendigkeit von Kommunikation bewusst zu machen. Sie helfen ihnen, den Sinn zu erkennen, vielfältige Strategien kennenzulernen, Ideen und Ergebnisse zur Aufgabe zu diskutieren und zu überprüfen (Götze, 2007).

5. Fazit

Diese Arbeit hatte zum Ziel aufzuzeigen, wodurch ein lernförderlicher Einsatz des Gruppenpuzzles als kooperative Lernform im Mathematikunterricht der Primarstufe charakterisiert wird. Es konnte gezeigt werden, dass der Einsatz des Gruppenpuzzles vielfältige Anforderungen an die Lehrperson, die Lernenden und die zu bearbeitende Aufgabe stellt.

Grundvoraussetzung für einen lernförderlichen Einsatz des Gruppenpuzzles ist die Überzeugung der Lehrperson von dieser Art des Lehrens und Lernens. Auch eine sorgfältige und aufwändige Unterrichtsvorbereitung erweist sich als notwendig. Die Aufgaben müssen an die Kompetenzen der Lernenden angepasst und so formuliert sein, dass sie sich für eine selbstständige kooperative Arbeit in der Gruppe eignen. Die Instruktionen der Lehrperson sollten dabei ebenfalls deutlich formuliert sein. Außerdem sollte die Lehrperson die Schülerinnen und Schüler während des Arbeitsprozesses motivieren und ihnen bei sozialen und organisatorischen Schwierigkeiten unterstützend zur Seite stehen. Allerdings ist es sinnvoll, wenn sie dabei möglichst wenig fachlich eingreifen, sondern nur Impulse geben, die die Lernenden zu weiteren Überlegungen anregen. Des Weiteren muss die Lehrperson als Beobachter fungieren, damit das Material bei aufkommenden Verständnisproblemen gegebenenfalls überarbeitet oder ergänzt werden kann. Auf diese Weise wird eine eigenständige Arbeit der Schülerinnen und Schüler gewährleistet. Damit die Arbeit im Gruppenpuzzle möglichst optimal gelingen kann, trägt die Lehrperson dafür Sorge, dass die Lernenden sich an die zuvor aufgestellten Kommunikationsregeln halten. Unterstützen kann die Lehrperson die Lernenden, indem sie die Vermittlungskompetenzen fördert. Trainiert werden muss das Erklären von Sachverhalten und Zusammenhängen. Dies kann auch fächerübergreifend geschehen. Das „Guided Peer Questioning" kann Schülerinnen und Schüler während des Arbeitsprozesses in die Lage versetzen, anspruchsvollere Fragen stellen und so ein tieferes Verständnis der Inhalte erlangen. Diese Methode müsste aber weiter optimiert werden, um positive Ergebnisse bei Grundschülerinnen und Grundschülern zu erzielen.

Schülerinnen und Schüler benötigen für die lernförderliche Arbeit mit dem Gruppenpuzzle vielfältige soziale Fertigkeiten, zu denen unter anderem aufmerksames und aktives Zuhören sowie die Fähigkeiten, andere ausreden lassen, gehören. Lernende müssen in der Lage sein, ihre Gefühle und Ideen gegenüber ihren Gruppenmitgliedern klar zu äußern. Schülerinnen und Schüler müssen sich gegenseitig als Lernende und Lehrende akzeptieren. Als Lernende müssen sie in der Lage sein, neue Informationen an bereits vorhandenes Wissen anzuknüpfen, bei Verständnisproblemen nachzufragen und ihre Gruppenmitglieder über den Stand ihres Verständnisses zu informieren. Die Lernenden sollten sich während des Arbeitsprozesses gegenseitig unterstützen und ermutigen. Abwertendes Verhalten auf Beiträge ist nicht lernförderlich. Eine besondere Schwierigkeit stellt die Vermittlungsphase für die Schülerinnen und Schüler in der Primarstufe dar. Da sie es nicht gewohnt sind, Verantwortung für ihre Mitschülerinnen und Mitschüler zu übernehmen und wechselseitig voneinander zu lernen, sind sie auf die Unterstützung der Lehrperson angewiesen. Grundsätzlich gilt für die Arbeit im Gruppenpuzzle, dass die Schülerinnen und Schüler ein gutes Leseverständnis sowie einen ausreichend breit gefächerten Wortschatz benötigen, um erfolgreich erklären und diskutieren zu können.

Neben den Anforderungen an die Lehrperson und die Schülerinnen und Schüler leistet auch die Aufgabenstellung einen Beitrag an einem lernförderlichen Einsatz des Gruppenpuzzles. Das Thema muss sich in gleichgewichtige Teilbereiche aufteilen lassen und den Fertigkeiten und Vorkenntnissen der Lernenden entsprechend aufbereitet sein. Durch die Aufgabenstellung müssen positive Interdependenz und individuelle Verantwortung entstehen. Außerdem sollte die Aufgabe herausfordernd sein, damit die Bearbeitung eine Kooperation notwendig macht. Neben kontroversen Inhalten regen auch vielfältige Lösungswege und die Möglichkeit, die Aufgabe auf verschiedenen Niveaustufen zu lösen, zum Diskutieren und Entdecken an.

Zusammenfassend zeigt sich, dass das Gruppenpuzzle bereits im Mathematikunterricht der Primarstufe zum Einsatz kommen kann. Mit der Arbeit im Gruppenpuzzle erreichen Schülerinnen und Schüler zwar keinen besseren Lernerfolg im Vergleich zum lehrerzentrierten Unterricht, aber immerhin vergleichbare Lernerfolge; was im Hinblick auf die eigenständige Erarbeitung des Lernstoffes beachtlich ist. Vielfältige Anforderungen an die Lehrperson, die Lernenden und die Aufgaben charakterisieren hierbei, wie lernförderlich das Gruppenpuzzle eingesetzt werden kann. Damit die Methode des Gruppenpuzzles weiter optimiert werden kann und die Vermittlungskompetenz der Schülerinnen und Schüler in der Primarstufe weiter ausgebaut werden kann, werden weitere Forschungen benötigt. Die Studie von Souvignier und Kronenberger (2007) liefert hierzu einen ersten Ansatz. Eine sukzessive Vorgehensweise und eine Anpassung des Schwierigkeitsniveaus der Fragen könnten das Elaborationsniveau von Schülerinnen und Schülern verbessern. Allerdings steht ebenfalls die Frage im Raum, inwieweit die kognitiven Fähigkeiten von Schülerinnen und Schülern in der Primarstufe überhaupt ermöglichen, auf einem solchen Niveau miteinander zu kommunizieren wie es ein lernförderlicher Einsatz in allen Teilbereichen des jeweiligen Themas voraussetzt.

Literaturverzeichnis

Aronson, E. & Patnoe, S. (1997). *The jigsaw classroom: Building Cooperation in the classroom.* New York: Longman.

Borsch, F. (2005). *Der Einsatz des Gruppenpuzzles in der Grundschule: Förderung von Lernerfolg, Lernfreude und kooperativen Fertigkeiten.* Hamburg: Kovac Verlag.

Borsch, F. (2015). *Kooperatives Lernen. Theorie – Anwendung – Wirksamkeit.* Stuttgart: Kohlhammer.

Borsch, F., Gold, A., Kronenberger, J.& Souvignier, E. (2007). Der Experteneffekt: Grenzen kooperativen Lernens in der Primarstufe?. *Unterrichtswissenschaft*, 35, 202-213.

Damon, W., & Phelps, E. (1989). Critical distinctions among three approaches to peer education. *Journal of Educationals Research,* 13, 9-19.

Dann, H.-D., Diegritz, T. & Rosenbusch, H. S. (1999). Gruppenunterricht als Prozeß interaktiven Handelns. In H.-D. Dann, T. Diegritz & H. S: Rosenbusch (Hrsg.), *Gruppenunterricht im Schulalltag* (S.1-22). Erlangen: Universitätsbund Erlangen-Nürnberg.

Götze, Daniela (2007): *Mathematische Gespräche unter Kindern. Zum Einfluss sozialer Interaktion von Grundschulkindern beim Lösen komplexer Aufgaben.* Hildesheim: Franzbecker.

Greeno, J. G., & Middle School Mathematics through Applications Project Group (1998). The situativity of knowing, learning, and research. *American Psychologist,* 53(1), 5-26.

Helmke, A & Schrader, F. W. (2008). Merkmale der Unterrichtsqualität: Potential, Reichweite und Grenzen. *BAK-Vierteljahresschrift*, 14, 17-47.

Huber, G. L. (1987). Kooperatives Lernen: Theoretische und praktische Herausforderung für die Pädagogische Psychologie. *Zeitschrift für Entwicklungspsychologie und Pädagogische Psychologie,* 19, 340-362.

Johnson, D. W. & Johnson, R. T. (1999). *Learning together and alone: Cooperative, competitive, and individualistic learning.* Boston: Allyn & Bacon.

Johnson, D. W., Johnson, R. T. & Stanne, M. B. (2000). Cooperative learning methods: A meta-analysis. Abgerufen am 27.11.2017 unter https://www.researchgate.net/profile/David_Johnson50/publication/220040324_Cooperative_

learning_methods_A_meta-analysis/links/00b4952b39d258145c000000/Cooperative-learning-methods-A-meta-analysis.pdf

Jürgen-Lohmann, J., Borsch, F. & Gold, A. (2005). Gemeinsam erarbeiten – gegenseitig erklären. *Forschung Frankfurt*, 3, 40-43.

King, A. (1999). Discourse patterns for mediating peer learning. In A. M. O'Donnell & A. King (Hrsg.), *Cognitive perspectives on peer learning* (S. 87-115).Mahwah, NJ: Erlbaum.

Kremers, T. (2014): Wie lernwirksam ist das kooperative Lernen? – Lernen in kooperativen Strukturen auf dem Prüfstand der Hattie-Studie. In E. Terhart (Hrsg.), *Die Hattie-Studie in der Diskussion – Probleme sichtbar machen* (S. 76-86). Seezlze: Klett Kallmeyer.

Kronenberger, J. (2004). *Kooperatives Lernen im mathematisch-naturwissenschaftlichen Unterricht der Primarstufe*. Hamburg: Kovac.

Kronenberger, J. & Souvignier, E. (2005). Fragen und Erklärungen beim kooperativen Lernen in Grundschulklassen. *Zeitschrift für Entwicklungspsychologie und Pädagogische Psychologie*, 37, 91-100.

Lampert, M. (1990). When the problem is not the question and the solution is not the answer. Mathematical knowing and teaching. *American Journal of Educational Research*, 27, 29-63.

Lankes, E.-M., Bos, W., Mohr, I., Plaßmeier, N. & Schwippert, K. (2003). Lehr- und Lernbedingungen in den Teilnehmerländern. In W. Box, E.-M. Lankes, M. Prenzel, K. Schwippert, G. Walther & R. Valtin (Hrsg.), *Erste Ergebnisse aus IGLU: Schülerleistungen am Ende der vierten Jahrgangsstufe im internationalen Vergleich* (S.39-67). Münster: Waxmann.

McCormick, C. B. & Pressley, M (1997). *Educational Psychology: Learning, instruction, assessment*. New York: Longman.

Orio, Nicole (2005). Gruppenpuzzle – Ein interdisziplinäres Forschungsprojekt im Mathematikunterricht der Primarstufe. In R. Hinz R. & B. Schumacher (Hrsg.), *Auf den Anfang kommt es an: Kompetenzen entwickeln – Kompetenzen stärken* (S.51-59). Wiesbaden: VS Verlag für Sozialwissenschaften.

Quasthoff, Uta M. & Steinbring, Heinz (2000) Diskurseinheiten im Mathematikunterricht. In: *Grundschule* 32,12/00, 57-59.

Renkl, A. (1996). Lernen durch Erklären – oder besser doch durch Zuhören? *Zeitschrift für Entwicklungspsychologie und Pädagogische Psychologie*, 28, 148-168.

Richtlinien und Lehrpläne für die Grundschule in Nordrhein-Westfalen (2008). Abgerufen am 17.11.2017 unter https://www.schulentwicklung.nrw.de/lehrplaene/upload/klp_gs/LP_GS_2008.pdf

Röhr, M. (1995). *Kooperatives Lernen im Mathematikunterricht der Primarstufe. Entwicklung und Evaluation eines fachdidaktischen Konzepts zur Förderung der Kooperationsfähigkeit von Schülern.* Wiesbaden: Deutscher Universitätsverlag.

Röhr, Martina (2002): Kommunikation anregen – Verstehen fördern. *Grundschulunterricht*, 4 9(1), 3-8.

Slavin, R. E., Hurley, E. A. & Chamberlain, A. (2003). Cooperative learning and achievement: Theory and research. In W. M. Reynolds & G. E. Miller (Hrsg.), *Handbook of Psychology*, 7, S. 177-198.

Smith, K. A., Johnson, D. W., & Johnson, R. T. (1981). Structuring Learning Goals to Meet the Goals of Engineering Education. *Engineering Education*, 72(3), 221-226.

Souvignier, Elmar & Kronenberger, Julia. Cooperative Learning in Third Graders' Jigsaw Groups for Mathematics and Science with and without Questioning Training. *British Journal of Educational Psychology*, 77.4, 755-771.

Steinbring, H. (2004). *The Construction of New Mathematical Knowledge in Classroom Interaction. An Epistemological Perspective.* Dodrecht, Boston, London: Kluwer Academic Publischer.

Warwas, J., Hertel S., Labuhn, A. S. (2011). Bedingungsfaktoren des Einsatzes von adaptiven Unterrichtsformen im Grundschulunterricht. *Zeitschrift für Pädagogik*, 57, S. 854-867.

Webb, N. M., Troper, J. D. & Fall, R. (1995). Constructive activity and learning in collaborative small groups. *Journal of Educational Psychology*, 87, 406-423.

Weidner, M. (2003): *Kooperatives Lernen im Unterricht. Das Arbeitsbuch.* Seelze-Velber: Kallmeyer.

Yackel, E., Cobb, P. & Wood, T. (1991). Small group interactions as a source of learning opportunities in second-grade mathematics. *Journal for Research in Mathematics Education*, 22, 390-408.

BEI GRIN MACHT SICH IHR WISSEN BEZAHLT

- Wir veröffentlichen Ihre Hausarbeit, Bachelor- und Masterarbeit

- Ihr eigenes eBook und Buch - weltweit in allen wichtigen Shops

- Verdienen Sie an jedem Verkauf

Jetzt bei www.GRIN.com hochladen und kostenlos publizieren